Bibliografische Information der Deutschen Nationalbibliothek:

Die Deutsche Bibliothek verzeichnet diese Publikation in der Deutschen National-
bibliografie; detaillierte bibliografische Daten sind im Internet über http://dnb.d-
nb.de/ abrufbar.

Impressum:

Copyright © 2015 GRIN Verlag, Open Publishing GmbH
Druck und Bindung: Books on Demand GmbH, Norderstedt Germany
ISBN: 9783668346055

Dieses Buch bei GRIN:

http://www.grin.com/de/e-book/344914/entwicklung-des-silicon-valley-aus-sicht-
des-cluster-life-cycle-konzepts

Benjamin Kahle

Entwicklung des Silicon Valley aus Sicht des Cluster Life Cycle-Konzepts

GRIN Verlag

Christian-Albrechts-Universität zu Kiel Geographisches Institut
Hauptseminar: Unternehmens- und Clusterdynamik
Sommersemester 2015

Die Entwicklung des Silicon Valley aus Sicht des Cluster Life Cycle-Konzepts

Benjamin Kahle
Studiengang: B.Sc. Geographie (Ein-Fach-Bachelor)

Inhaltsverzeichnis

1. Einleitung

Das Silicon Valley gilt als das Vorzeigecluster der Hightech-Industrie, genießt einen hohen Bekanntheitsgrad und hat es durch berühmte Unternehmen, Persönlichkeiten und sogar Fernsehserien bis in die heutige Popkultur geschafft. Die Technik aus dem Silicon Valley begleitet die Menschheit auf Schritt und Tritt. Sei es der Computer im Büro, das Smartphone in der Hosentasche oder die Kommunikation mit anderen Personen über das Internet. All diese Hilfsmittel basieren auf den Ideen aus dem Valley und sind für Privatpersonen, wie auch für Unternehmen in der heutigen Zeit nicht mehr wegzudenken. Die technischen Grundlagen sind dabei vielfältig und basieren auf Mikrochips, Software, digitale Datenübertragung oder dem Bilden von sozialen Netzwerken. Auch in den Medien wird regelmäßig über dieses Cluster berichtet und über die aktuelle Lage informiert. Bei der Lektüre dieser Berichte fällt auf, dass sich die Schlagzeilen der Zeitungen und Zeitschriften währen der Zeit stark unterscheiden und dass das Silicon Valley eine Reihe von Schwankungen durchlebte. Wachstum, Stillstand und Schrumpfung wechselten sich hier regelmäßig ab. Es stellt sich also die Frage, wie und warum in diesem Fall die Clusterdynamik schwankt und wie es das Silicon Valley weiterhin schafft negative Phasen zu überwinden und als erfolgreich zu gelten.

Im Rahmen dieser Arbeit soll dafür das Konzept der Cluster-Lebenszyklen nach Max-Peter Menzel und Dirk Fornahl aus dem Jahr 2009 als Werkzeug dienen und auf das Hightech-Cluster in Kalifornien angewendet werden. Hierfür werden zuerst das Konzept der Cluster-Lebenszyklen nach Menzel und Fornahl vorgestellt und die einzelnen Lebensphasen eines Clusters herausgearbeitet. In diesem Zusammenhang soll festgestellt werden, wie es theoretisch möglich ist aus einer Phase des Stillstands bzw. der Schrumpfung zurück in eine Wachstumsphase zu kommen. Die theoretischen Ansätze sollen dann auf das Fallbeispiel Silicon Valley übertragen werden. Nach einer räumlichen Einordung des Clusters, werden die historische Entwicklung und das Durchlaufen der Lebensphasen beschrieben. Durch die damit gelegten Grundlagen kann man sich nähergehend mit der technologischen Erneuerung innerhalb des Clusters beschäftigen und herausfinden welche Bedeutung der Faktor Wissen für den Erfolg des Silicon Valley hat. Hierbei wird vor allem Bezug auf die Arbeiten von Anna-Lee Saxenian genommen, die sich ausgiebig mit dem Silicon Valley beschäftigt hat. Am Ende werden die wesentlichen Ergebnisse nochmals zusammengefasst und die Arbeit mit einem Fazit und einer Schlussthese abgeschlossen.

2. Das Konzept des Cluster-Lebenszyklus

Für die Beantwortung der oben genannten Fragestellungen muss zuerst der grundlegende Begriff des Clusters verstanden werden. Ein Cluster ist eine regionale Ballung von Unternehmen einer Wertschöpfungskette und deren unterstützenden Branchen und Infrastruktur (BATHELT & GLÜCKLER 2012, S. 260). Im Grunde also ein Anhäufung von Unternehmen, Zulieferern und Institutionen die im gleichen Wirtschaftszweig angesiedelt sind und versuchen durch die Nähe zu ähnlichen Akteuren Vorteile zu ziehen. Max-Peter Menzel und Dirk Fornahl haben zu diesem Thema einen Aufsatz veröffentlicht, in dem die Evolution von Clustern näher beleuchtet wird. Dabei stehen vor allem die Unterschiede zwischen geclusterten und ungeclusterten Unternehmen sowie der Unterschied zwischen dem Industrie-Lebenszyklus und dem Cluster-Lebenszyklus im Fokus der Arbeit.

Bei der Betrachtung des von den Autoren dargestellten Industrie-Lebenszyklus wird deutlich, dass gerade in der Entstehungsphase einer neuen Industrie die geclusterten Unternehmen klar im Vorteil sind (MENZEL & FORNAHL 2009, S. 208 – 211). Neue Unternehmen siedeln sich dort an, wo man am schnellsten an das nötige Wissen der Industrie gelangt und auch der Faktor der Kreativität darf nicht außer Acht gelassen werden. So steigt die Zahl der Unternehmens-Agglomerationen in der Wachstumsphase der Industrie. Diese Vorteile können dann in Nachteile umschlagen, wenn die Industrie ihren Höhepunkt erreicht hat und die Unternehmen nun gegenseitig zu stark voneinander abhängig sind. Das Wissen ist nicht mehr heterogen genug. Dies ist dann der Zeitpunkt, wo die Unternehmen im Cluster von den ungeclusterten Unternehmen überholt werden und es kein Vorteil mehr ist sich in einer Agglomeration wie einem Cluster zu befinden. Es bleibt also festzuhalten, dass die geographische Konzentration von Unternehmen am Anfang des Zyklus zu- und in den Endstadien wieder abnimmt.

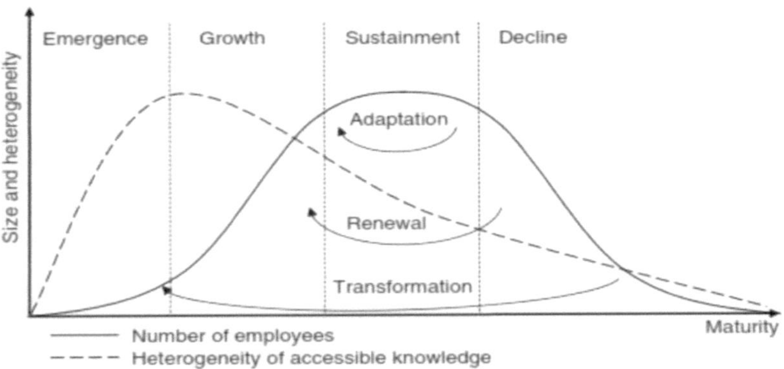

Abb. 1: Lebenszyklus eines Clusters (Menzel & Fornahl 2009, S. 218)

Menzel und Fornahl arbeiteten weiterhin heraus, dass sich der Lebenszyklus eines Cluster von dem Lebenszyklus einer Industrie unterscheidet (MENZEL & FORNAHL 2009, S. 219). Hierbei wird herausgehoben, dass vor allem die Heterogenität von Wissen der entscheidende Faktor für den Verlauf der Lebenszyklen ist. Hierzu wird von den Autoren ein Modell erstellt, das den Lebenslauf eines Cluster darstellt und in die vier Phasen der Entstehung, des Wachstums, des Stillstands und der Schrumpfung einteilt (Abb. 1).

2.1. Die Phasen des Cluster-Lebenszyklus

Die Entstehungsphase ist geprägt durch wenige kleine Unternehmen mit wenigen Angestellten. Sie sind praktisch die Pioniere eines Clusters und dienen als Keimzellen für spätere Agglomerationen. In diesem Status ist das verteilte Wissen innerhalb der Region noch sehr heterogen, da die Unternehmen noch keine großen Partnerschaften eingegangen sind und ihr Wissen teilen konnten. Wissenstransfers gibt es hier hauptsächlich zwischen spin-offs, also Neugründungen aus anderen Unternehmen heraus und den entsprechenden Elternunternehmen. Dazu muss eine Vision des technologischen Pfades vorhanden und die von den politischen Akteuren geschaffenen lokalen Gegebenheiten unterstützend wirken. Aus dieser Situation heraus kann sich dann eine Phase des Wachstums oder aber das Verschwinden des Clusters, durch eine zu hohe technologische Distanz zwischen den Unternehmen, entwickeln (MENZEL & FORNAHL 2009, S. 225).

In der folgenden Wachstumsphase gibt es einen starken Anstieg von Unternehmen und Beschäftigten im Cluster. Dabei ist vor allem die Anzahl der Neugründungen relativ hoch. Die Heterogenität des Wissens erreicht zu Beginn dieser Phase den Höhepunkt im Lebenszyklus, da das Wachstum nun das Aufbauen von individuellen Netzwerken ermöglicht, in denen es zum Austausch von Wissen und zu ersten gemeinschaftlichen Arbeitsprozessen kommt (MENZEL & FORNAHL 2009, S. 226). Hinzu kommen auch eine unterstützende Infrastruktur durch politische und institutionelle Maßnahmen sowie der Aufbau einer Cluster-Organisation. Auch der Arbeitsmarkt und die Bildungseinrichtungen wie Schulen, Universitäten usw. spezialisieren sich zunehmend auf die Versorgung des wachsenden Clusters.

Die Phase des Stillstands ist dadurch gekennzeichnet, dass es weder großes Wachstum noch Schrumpfungsprozesse gibt. Die Anzahl der Unternehmen und Beschäftigten im Cluster bleibt relativ konstant und hat nun theoretisch den Höhepunkt erreicht, während das Wissen im Cluster immer homogener und somit die Gefahr eines lock-ins immer größer wird. Mittlerweile hat das Cluster eine Größe und einen Stellenwert erreicht, dass es die Region prägt und sich die Umgebung nach dem Cluster ausgerichtet hat. Allerdings können die Wissensnetzwerke weiterhin offen und dynamisch sein und so neues Wissen ins Cluster eindringen. Durch diesen

Einfluss von außen besteht die Möglichkeit, dass eine Heterogenisierung des Wissens einsetzt und das Cluster durch diesen „Renewal" einen Schritt zurück in die Wachstumsphase macht (MENZEL & FORNAHL 2009, S. 227).

Im Verlauf der Schrumpfungsphase ist ein Rückgang der Unternehmen und der Angestellten festzustellen. Nun ist die Homogenität des Wissens am größten und heterogenes Wissen droht aus dem Cluster zu verschwinden, was zwangsläufig zu einem lock-in führen wird. Auch die Offenheit der Netzwerke verschwindet, was die Einführung von neuem auswärtigem Wissen schwierig gestaltet. Insgesamt sind Stimmung und das Ansehen des Clusters mit eher negativen Merkmalen behaftet, da der nächste Schritt das Verschwinden der Agglomeration wäre. Trotzdem gibt es weiterhin Möglichkeiten den negativen Verlauf zu beenden (MENZEL & FORNAHL 2009, S. 227 f.). Wie in der Stillstandphase ist es im frühen Stadium der Schrumpfungsphase möglich, dass durch externes Wissen ein „Renewal" einsetzt. Dafür darf die Homogenität in diesem Bereich noch nicht zu stark ausgeprägt sein. Eine weitere Möglichkeit bietet der Transit in einen anderen Industriebereich. Ein gutes Beispiel dafür ist die Textilindustrie im Westmünsterland, wo man einen Wandel von den klassischen Textilien hin zur Spezialisierung auf technische Textilien vollzog (HASSINK 2010, S. 461 f.). Zusammenfassend lässt sich festhalten, dass nach Durchlaufen der Lebensphasen das Schicksal des Clusters nicht vorbestimmt ist, sondern dass die Erhöhung der Heterogenität des Wissens in Wachstumsphasen zurückführen kann.

3. Fallbeispiel: Silicon Valley

Für die Untersuchung der Leitfrage wurde das Fallbeispiel Silicon Valley gewählt. Es ist das weltweit größte Hightech-Cluster und befindet sich südlich von San Francisco in der San Francisco Bay Area und reicht bis zur Stadt San José. Auf dem Gebiet des Clusters, das ca. 4.000 km² groß ist, sind knapp 7.000 Unternehmen ansässig, die allein im Bereich der IT-Industrie ca. 500.000 Arbeitnehmer beschäftigen.

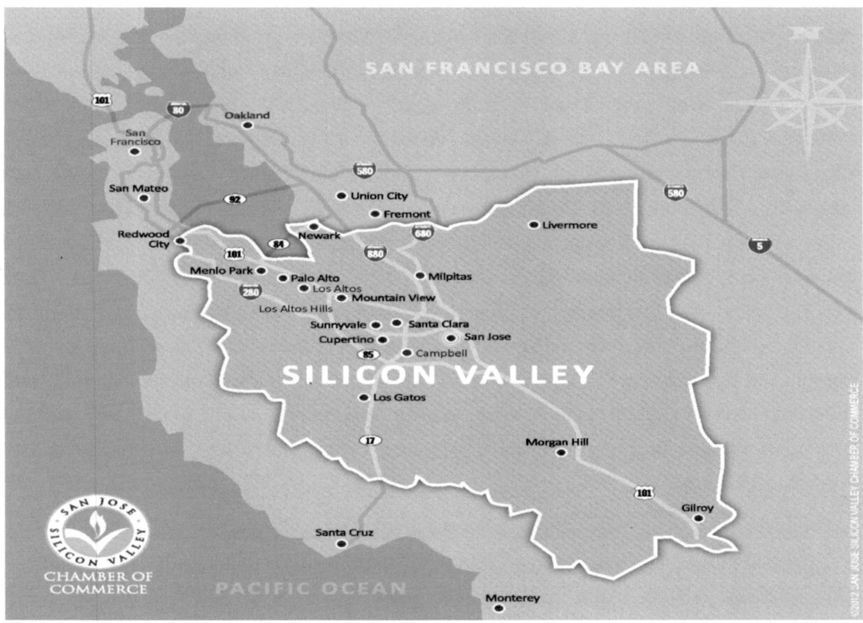

Abb. 2: Lage des Silicon Valley (Url: http://www.spicyspirit.com/wp-content/uploads/2014/04/silicon-valley-large.png)

Der Jahresumsatz betrug dabei im Jahr 2009 rund 180 Milliarden Euro, was in etwa so viel ist wie das Bruttoinlandsprodukt der Tschechischen Republik und somit alle anderen IT-Cluster bei weitem übertrifft (ELBERT, MÜLLER & PERSCH 2009, S. 13). Jedoch hatte das Silicon Valley nicht nur gute Jahre. Immer wieder gab es Phasen des Stillstands oder Krisen, die das Cluster aber jeweils überwunden hat und es zurück auf einen Wachstumspfad schaffte. Diese Dynamiken werden im Folgenden historisch dargelegt und ein Erklärungsansatz versucht, warum das Silicon Valley weiterhin erfolgreich ist.

3.1. Evolution des Silicon Valley

Wie in vielen anderen Gebieten auch, ist es nicht ganz einfach herauszufinden, wann genau sich die ersten Unternehmen im heutigen Silicon Valley angesiedelt haben. Zuvor war das Gebiet geprägt von Obstplantagen und war die Heimat von Saisonarbeitern, die für die Ernte eingestellt wurden. Durch den Einfluss und der Förderung der ansässigen Universität von Stanford kam es dann zur Gründung der ersten kleinen Firmen, die meist aus Studenten bestanden und in Garagen oder kleinen Gartenhäuschen beheimatet waren. So entstand zum Beispiel 1939 aus der Partnerschaft der Studenten William Hewlett und David Packard das Unternehmen Hewlett-Packard, welches in einer Garage startete und heute zu den größten Konzernen der Welt gehört (KENNEY 2000, S. 3). In diesem Zusammenhang muss auch Frederik Terman erwähnt werden, der als Professor an der Stanford University ein großer Förderer von Neugründungen war und die Schaffung des Stanford Industrial Parks maßgeblich vorantrieb (WEIL 2009, S. 6). Dieser Park war ein Gelände, das der Universität gehört und neuen Unternehmen zur Verfügung gestellt wurde, um sich dort einen Firmensitz zu schaffen. Dabei verzichtete man in den Anfangszeiten auf eine monetäre Gegenleistung. Diese Phase war praktisch der Grundstein für die Entwicklung des Clusters und kann mit der Entstehungsphase des oben genannten Konzeptes der Cluster-Lebenszyklen verbunden werden. Wie beim Modell von Menzel und Fornahl gibt es hier nur wenige Unternehmen, die kaum miteinander in Kontakt treten und das Wissen ist extrem heterogen. Auch war die Anzahl der Firmen und der Beschäftigten sehr gering, bevor in der Nachkriegszeit eine Phase des Wachstums begann.

Durch die Erfindung des Transistors auf der Basis von Vakuumröhrchen, kam es vermehrt zur Zuwanderung von Ingenieuren, Physikern und Technikern aus den gesamten USA. Auch der Nobelpreisträger William Shockley ließ sich im Silicon Valley nieder und betrieb mit den Bell Labs ein Forschungslabor, das sich weitergehend auf die Technologie des Transistors spezialisierte und dieses und ähnliche Labors und Unternehmen die besten Mitarbeiter von den Universitäten und Firmen des Landes abwarben. Für einen erfolgsorientierten Ingenieur wurde das Silicon Valley immer mehr zu einem Ort indem man unbedingt arbeiten wollte. So konnte man für das Jahr 1961 eine Anzahl von mittlerweile über 39.000 Beschäftigten in der Hightech-Branche im Cluster erfassen (ADAMS 2011, S. 370 f.). In diesem Zeitraum bildete sich auch eines der wichtigsten Inkubator-Unternehmen des Valleys heraus. Inkubatoren sind dabei führende Unternehmen oder Institutionen, die eine zentrale Rolle für die Neugründungen in einer Wirtschaftsagglomeration spielen (BATHELT & GLÜCKLER 2012, S. 346). Aus dem Forschungslabor Shockleys machten sich acht Mitarbeiter selbstständig und gründeten 1957 das spin-off Fairchild Semiconductor. Dieses spin-off steht maßgeblich für die Unternehmensdynamiken in der Region. Eine Gruppe von Mitarbeiterin, die eine Idee haben und diese im eigenen Unternehmen nicht umsetzen wollen oder den Drang haben ihre Ideen allein zu verwirklichen. In diesem Fall war es der Durchbruch in der Halbleiterindustrie und die Gruppierung rund um Robert Noyce war in der Lage mehrere Transistoren maßgeblich zu miniaturisieren und diese auf ein Siliziumplättchen zu pressen. Diese neuartige Technologie war vor allem für das Militär sowie Luft- und Raumfahrt interessant, da es nun möglich war die Rechnersysteme auf wesentlich kleineren Raum zu integrieren. Zudem gelang es Fairchild nach einiger Zeit diese sogenannten integrierten Schaltkreise für den Massenmarkt tauglich zu machen und hohe Stückzahlen zu produzieren. Das Ergebnis war ein starkes Wachstum der Branche und vor allem im Silicon Valley. Die Anzahl der im Cluster arbeitenden Personen stieg demnach bis 1970 auf bis zu 100.000 Beschäftigte an (ADAMS 2011, S. 370 f.). Das Silicon Valley befand sich nun in einer Wachstumsphase. Die Anzahl der Unternehmen und Beschäftigten stieg rasant an und die Heterogenität des Wissens hat hier ihren Höhepunkt erreicht und beginnt homogener zu werden. Die Unternehmen fangen an untereinander zu interagieren und Wissen zu teilen. Ein wichtiger Faktor ist dabei die Entstehung von spin-offs, die sich am Beispiel von Fairchild Semiconductor sehr anschaulich darstellen lässt. Durch die hohe Anzahl von talentierten Ingenieuren und dem Erfolg, den die neue Technologie versprach kam es relativ schnell zu Ausgründungen aus dem Unternehmen. Die Mitarbeiter wollten wie schon die Gründer von Fairchild ihre eigenen Ideen verwirklichen oder einfach nicht mehr abhängig sein. Insgesamt generierten sich aus Fairchild 91 spin-offs heraus (KLEPPER 2009, S. 26) und im Jahr 1975 waren drei der anderen vier führenden Unternehmen im Silicon Valley spin-offs aus Fairchild Semiconductor (KLEPPER 2009, S. 20). So gründete sich zum Beispiel das Unternehmen Intel, das Marktführer in der Produktion und Entwicklung von Mikroprozessoren wurde.

Die Wachstumsphase hielt bis in die 1980er-Jahre an. Dort kam es zu den ersten größeren Phasen des Stillstands und die Unternehmens- und Beschäftigtenzahlen hörten auf zu wachsen. Der Grund war, dass sich die asiatische Produktionsindustrie, in diesem Fall vor allem die japanische, als starker Konkurrent auf dem Markt auftrat und in der Lage waren Halbleiterbauteile schneller, günstiger und in größerer Stückzahl zu produzieren sowie Fehleinschätzungen bei der Produktentwicklung (SAXENIAN 1996a, S. 86). So hatte sich mittlerweile der Fokus auf die Entwicklung von PC-Systemen und Speichermedien konzentriert und viele Unternehmen setzten auf den Minicomputer, der sich allerdings nicht auf dem Markt durchsetzen konnte. Die hier einsetzende Stillstandphase lässt sich durch den Blick auf die Zahlen belegen. Mitte der 1980er-Jahre beginnen die Beschäftigungs- und Wachstumszahlen im Silicon Valley zu stagnieren, während man in anderen Hightech-Clustern, wie dem an der Route 128 in Massachusetts, wo man sogar Schrumpfungsprozesse feststellen konnte (SAXENIAN 1996b, S. 41-45).

Gegen Ende des Jahrzehnts hatte sich dieses Bild aber wieder geändert. Das Silicon Valley war in der Lage sich durch eine starke Welle von Start-ups und der Restrukturierung von großen Unternehmen zu erneuern und damit auch die Dominanz der Vereinigten Staaten in diesem Bereich vom asiatischen Markt wiederzuerlangen (SAXENIAN 1996a, S. 105 f.). Zusätzlich entwickelte sich das Internet zu einem immer größer werdenden Faktor in der IT-Industrie. Vor allem aus den Universitäten heraus kam es zu erheblichen Gründungsprozessen. Studenten oder junge Absolventen entdeckten die Möglichkeiten der weltweiten Vernetzung und gründeten Start-ups mit der Unterstützung der Universitäten sowie der immer größer werdenden Finanzierungsmöglichkeiten über venture capital. Unter diesen Bedingungen konnten Unternehmen wie Ebay, Google oder Yahoo entstehen.

Der Einfluss von venture capital, also privatem Risikokapital, wurde in dieser Zeit immer größer. Oftmals waren die Investoren ehemalige Gründer im Silicon Valley, die ihre Unternehmen erfolgreich vergrößert haben und nun ihr Kapital und Wissen für die neue Gründer-Generation zur Verfügung stellen wollen. So gesehen entsteht praktisch ein Kreislauf von Idee, Gründung, Erfolg und Reinvestition (ENDEAVOR INSIGHT 2014, S. 11). Die Höhe der eingesetzten Summen stieg bis 2000 exponentiell an, da die neuen jungen Unternehmen attraktiv waren und eine hohe Rendite für Investoren versprachen. So stieg das eingesetzte venture capital für mit dem Internet verknüpfte Unternehmen in den USA von 1,9 Milliarden US-Dollar im Jahr 1995 auf 80,9 Milliarden US-Dollar im Jahr 2000. Eine Steigerung von 4258 % innerhalb von fünf Jahren (NVCA 2014, S. 60). Diese sogenannte „Dotcom-Blase" platzte noch im Jahr 2000 und viele Börsenkurse der Hightech-Unternehmen verloren immens an Wert. Das Silicon Valley erlebte die erste richtig große Rezession und viele Beschäftige verloren ihre Arbeit, da die Unternehmen nicht mehr zahlungsfähig waren. In der Zeit von 2000 bis 2004 gab es einen Verlust von 140.000 Arbeitsplätzen und einen Rückgang die jährlichen Durchschnittsgehälter sanken um 15,8 % (MANN & LUO 2010, S. 61-63).

Aber wieder konnte man nach dieser Krise eine Erneuerung im Cluster feststellen. Das Web 2.0 bzw. die sozialen Medien begannen eine dominante Rolle in der Branche einzunehmen und die Beschäftigung nahm wieder zu, bzw. das vorher eingebrochene venture capital begann wieder ins Valley zu fließen. Heute gehen ca. 46 % des in den USA investierten Kapitals in das Silicon Valley (NVCA, S. 61). Abschließend lässt sich als zusammenfassen, dass das Silicon Valley zuerst die typische Evolution eines Clusters durchlaufen hat (Entstehungsphase, Wachstumsphase und Stillstandphase), aber in der Lage war sich immer wieder zu erneuern um aus negativen Phasen zurück Wachstumsphasen zu gelangen. Begleitet werden diese Tendenzen von Wellen der Innovation die von den Anfängen des Transistors bis zum Internet bzw. den Social Medias reicht (COLAPINTO 2007, S. 327 ff.).

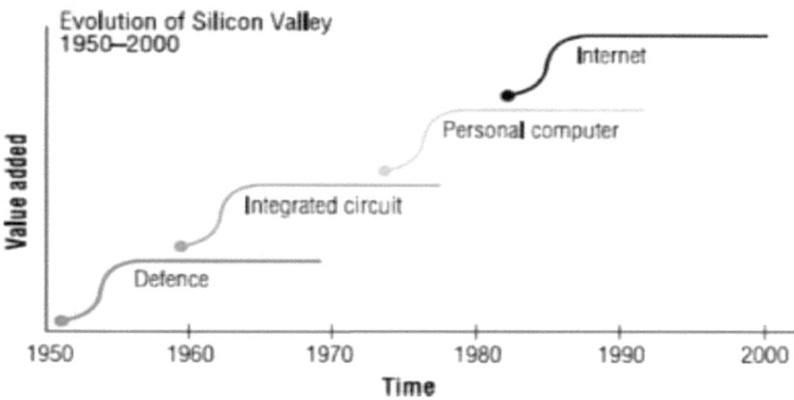

Abb. 3: technologische Evolution des Silicon Valley (COLAPINTO 2007, S. 327)

3.2. Erneuerung im Silicon Valley

Durch die Betrachtung der historischen Entwicklung kann der Erfolg im Zusammenhang mit Erneuerungstendenzen des Silicon Valleys festgestellt werden. Doch welche Gründe gibt es für dieses Phänomen? Das Silicon Valley ist bereits ein stark erforschtes Thema in der Wissenschaft. Doch gibt es gerade bei der Erklärung des Erfolgs des Clusters verschiedene Ansätze und Konflikte. Als Beispiel sollen hier einmal die Arbeiten von Martin Kenney in Zusammenarbeit mit Urs von Burg sowie von die Forschung Anna Lee Saxenian genannt werden. Während bei Kenney und von Burg die optimale Wahl des Technologiepfades im Vordergrund steht, setzt Saxenian eher auf den das Wissen innerhalb und außerhalb von Clustern und wie das Wissen in die Arbeitsprozesse der Unternehmen eingearbeitet wird (KENNEY & VON BURG 1999; SAXENIAN 1999). Der Fokus dieser Arbeit liegt dabei auf dem Ansatz von Saxenian und konzentriert sich auf den Faktor Wissen und vor allem dessen Organisation.

Aus dem Konzept von Menzel und Fornahl geht hervor, dass ein Renewal und die damit verbundene Rückkehr in die Wachstumsphase nur möglich ist, wenn das Wissen des Clusters heterogener wird. Dabei sind nicht nur die Innovationen innerhalb des Clusters, sondern auch das Einbringen von Wissen von außen wichtig. Die wichtigste Rolle spielt allerdings die Verarbeitung dieses Wissens. Dabei stellt Saxenian heraus, dass das Silicon Valley hierfür die optimalen Voraussetzungen erfüllt. Sie schreibt über das Valley als eines auf regionalen Netzwerken basierendes Industriesystem, welches kollektives Lernen und eine hohe Flexibilität garantiert (SAXENIAN 1996a, S. 2-3). Der gute Umgang beginnt bereits in den

Unternehmen selbst und unterscheidet sich von den meisten anderen Wirtschaftsagglomerationen. Wie im Inkubator-Unternehmen Fairchild Seminconductor hat sich im gesamten Valley eine horizontale Unternehmenskultur durchgesetzt. Es wird nicht von oben nach unten delegiert, sondern steht das Team im Mittelpunkt und jeder kann seine Ideen einbringen. Dabei gibt es aber nach wie vor einen kompetitiven Individualismus, der die Mitarbeiter anspornt (SAXENIAN 1996a, S. 31 f.). Dieser Wettkampf sorgt auch für eine hohe Quote von spin-offs, da die hoch qualifizierten Mitarbeiter ihre Ideen selbst umsetzen möchten. Bei diesem Vorgang wird Wissen aus einem oder mehreren Unternehmen im Cluster durch weitere Ausgründungen verteilt. Oftmals sind die Gründer eines spin-offs auch noch in anderen Unternehmen aktiv, weshalb das neue Unternehmen Wissen aus mehreren Richtungen aufnehmen kann (KLEPPER 2009, S. 30). Dieser Effekt wird dann durch die nächste Generation der spin-offs erneut gestärkt. Allgemein ist die Fluktuation der Mitarbeiter im Silicon Valley recht hoch. Nach entsteht so ein relativ großes soziales Netzwerk, welches zu Verbindungen zwischen den Unternehmen und einer Stärkung der Zusammenarbeit führt. Eine Möglichkeit für die Nutzung dieser Netzwerke kann zum Beispiel das Finanzieren eines neuen Unternehmens sein. Viele Bereitsteller von venture capital sind selbst ehemalige Gründer und kennen sich in der Branche aus. Der Investor stellt so bei einer Investition nicht nur das Geld, sondern auch sein Fachwissen und sein Netzwerk zur Verfügung. Gerade dieser Vorgang der Finanzierung von kleinen neuen Unternehmen durch Risikokapital ist einer der Motoren des Silicon Valley (SAXENIAN 1996a, S. 40). Gerade in diesem Zusammenhang lohnt auch ein kleiner Einblick in die Kultur des Silicon Valley. Die Kultur der Region erlaubt es auch mal zu scheitern, wenn eine neue Idee nicht funktioniert. Es erfolgt nicht sofort eine Stigmatisierung und es hat sich die Ansicht durchgesetzt, dass man aus Fehlern nur lernen kann. Mit Sicherheit auch ein Grund warum es in den letzten Jahren zu vermehrten Neugründungen aus dem Ausland kommt, wo es keine zweiten Chancen gibt. So wurden in den Jahren von 1995 bis 1998 29 Prozent der neuen Start-Ups von Chinesischen und Indischen Einwanderern gegründet worden (SAXENIAN 2002, S. 24 f). Ein weiteres Konzept, dass mit dem Silicon Valley in Verbindung gebracht werden kann ist das des lokalen Rauschens (local buzz). Hierbei handelt es sich um Wissen, dass für Akteure außerhalb des Clusters nicht greifbar ist und innerhalb des Clusters quasi ohne Investitionen erhältlich ist. Es ist das Aufschnappen von Gerüchten, Meinungen, Empfehlungen usw., die durch Gespräche, Verhandlungen mit Zulieferern oder einfach beim Besuch einer Bar in Umlauf kommen (BATHELT & GLÜCKLER 2012, S. 270 f.). Das lokale Rauschen war vor allem in der Wachstumsphase nach der Entwicklung des integrierten Schaltkreises ein starker Katalysator für die Verteilung von Wissen. Man sieht, dass es vielfältige Gründe für das hohe Innovationspotential gibt und es kaum möglich ist diese komplett in einer Arbeit abzuarbeiten.

4. Schlussteil

Anhand der Analyse des Faktors Wissen im Silicon Valley kann festgehalten werden, dass vor allem die Offenheit bzw. Flexibilität des Netzwerkes und die Organisation von Wissen ein Schlüsselstein für den nachhaltigen Erfolg des Silicon Valley ist.

Die Entstehung des Clusters geht dabei mit dem Konzept des Cluster-Lebenszyklus nach Menzel und Fornahl konform und so lassen sich anhand der historischen Entwicklung die einzelnen Lebensphasen erkennen. Die Besonderheit ist aber, dass das Silicon Valley in der Lage ist sich in Phasen des Stillstands immer wieder zu erneuern und so auch Krisen überstehen kann. Besonders nach den Rezessionen in den 80er-Jahren sowie Anfang 2000 nach der New Economy Krise gelangte das Valley wieder auf einen Wachstumspfad.

Der Grund hierfür liegt unter anderem in der Fähigkeit ein hohes Innovationspotential zu generieren, das die Grundlage für die Erneuerung des Clusters bildet. Dabei sind vor allem die Verteilung und Aufnahme von neuem Wissen grundlegende Voraussetzungen für die Heterogenisierung des Clusters. Diese Voraussetzungen sind im Silicon Valley gegeben, wie es Anna Lee Saxenian in ihren Arbeiten eindrucksvoll belegt hat. Vor allem durch die spezielle Kultur im Silicon Valleys sowie den horizontalen Hierarchien in den Unternehmen unterscheidet sich das Valley massiv von anderen Technologie-Clustern, wie dem IT-Cluster an der Route 128 in der Region von Boston.

Für die Zukunft gibt es für die Region in der San Francisco Bay Area weiterhin Ansätze für wissenschaftliche Forschung. So geht vor allem die technologische Evolution im Valley weiter und wird in den nächsten Jahren durch die Entwicklungen von künstlichen Intelligenzen, Bio-Technologien und Hardware bzw. Software für virtuelle Realitäten geprägt sein. Hier bleibt abzuwarten, ob auch dann das Silicon Valley in der Lage ist die dominante Rolle auf dem umkämpften Hightech-Markt einzunehmen. Zusätzlich sollte auch der wachsende Einfluss von Risikokapital und das Streben der Gründer nach dem höchstmöglichen Verkauf an größere Unternehmen beobachtet werden. Es bleibt abzuwarten, ob das Einverleiben von wachsenden Unternehmen, wie es zum Beispiel beim Aufkauf der Firma WhatsApp durch Facebook passiert ist, nicht zu einem Verlust von Wissen bzw. Konzentration von Wissen in den großen Unternehmen kommt. Hier stellt sich dann die Frage, ob dann eine effektive Verteilung von Wissen überhaupt noch möglich ist.

5. Literaturverzeichnis

ADAMS, S. (2011): Growing where you are planted. Exogenous firms and the seeding of Silicon Valley. In: Research Policy 40, S. 368-379.

BATHELT, H. und J. GLÜCKLER (2012): Wirtschaftsgeographie. Ökonomische Beziehungen in räumlicher Perspektive. Stuttgart. 3. Auflage.

COLAPINTO, C. (2007): A way to foster innovation. A venture capital district from Silicon Valley and route 128 to Waterloo Region. In: Economic International Review of Economics 54, S. 319-343.

ELBERT, R., MÜLLER, F. und J. PERSCH (2009): IKT-Cluster. Potenzial der Region Südhessen/Rhein Main Neckar zur Entwicklung eines Clusters der Informations- und Kommunikationstechnologie. Kurzfassung. Url: https://www.log.tu-berlin.de/fileadmin/fg177/IKT-Studie_Kurzfassung_V4_tcm17-53762.pdf (Stand: 06.07.2015).

ENDEAVOR INSIGHT (2014): How did Silicon Valley become Silicon Valley? Url: http://issuu.com/endeavorglobal1/docs/hdsvbsv__final_ (Stand: 03.07.2015).

HASSINK, R. (2010): Locked in decline? On the role of regional lock-ins in old industrial ares. In: BOSCHMA, R. und R. MARTIN (Hrsg.): The Handbook of Evolutionary Economic Geography. Cheltenham und Northampton, S. 450-468.

KENNEY, M. (2000): Introduction. In: KENNEY, M. (Hrsg.): The Anatomy of an Entrepreneurial Region. Stanford, S. 1-14.

KENNEY, M. und U. VON BURG (1999): Technology, Entrepreneurship and Path Dependence. Industrial Clusterin in Silicon Valley and Route 128. In: Industrial and Corporate Change 8 (1), S. 67-103.

KLEPPER, S. (2009): The origin and growth of industry clusters. The making of Silicon Valley an Detroit. In: Journal of Urban Economics 67, S. 15-32.

MANN, A. und T. LUO (2010): Crash and reboot. Silicon Valley hightech employment and wages, 2000-08. In: Monthly Labor Review 01/2010, S. 59-73.

MENZEL, M.-P. und D. FORNAHL (2009): Cluster life cycles. Dimensions and rationales of cluster evolution. In: Industrial and Corporate Change 19 (1). S- 205-238.

NVCA – NATIONAL VENTURE CAPITAL ASSOCIATION (2014): Yearbook 2014. Arlington.

SAXENIAN, A. (1996a): Regional advantage. Culture and competition in Silicon Valley and Route 128. Cambridge.

SAXENIAN, A. (1996b): Inside-Out. Regional Networks and Industrial Adaption in Silicon Valley and Route 128. In: Cityscape. A Journal of Policy Development and Research 2 (2), S. 41-60.

SAXENIAN, A. (1999): Comment on Kenney and von Burg, „Techonology, Entrepreneurship and Path Dependence. Industrial Clustering in Silicon Valley and Route 128". In: Industrial and Corporate Change 8 (1), S. 105-110.

SAXENIAN, A. (2002): Silicon Valley`s New Immigrant High-Growth Entrepreneurs. In: Economic Development Quarterly 2002 (16; 20), S. 20-31.

WEIL, T. (2009): Silicon Valley Stories. In: CERNA Working Papers Series 2009 (01), S. 1-16.

BEI GRIN MACHT SICH IHR WISSEN BEZAHLT

- Wir veröffentlichen Ihre Hausarbeit, Bachelor- und Masterarbeit

- Ihr eigenes eBook und Buch - weltweit in allen wichtigen Shops

- Verdienen Sie an jedem Verkauf

Jetzt bei www.GRIN.com hochladen und kostenlos publizieren